RÉSUMÉ

SUR LE

FLUIDE NOURRICIER,

SES RÉSERVOIRS ET SON MOUVEMENT,

DANS TOUT LE RÈGNE ANIMAL;

PAR G. L. DUVERNOY,

PROFESSEUR AU COLLÈGE DE FRANCE, ETC.

(Ce résumé sert d'appendice au tome VI des *Leçons d'Anatomie comparée* de G. Cuvier.)

PARIS.

IMPRIMERIE DE TERZUOLO,

RUE MADAME, N° 30.

1839.

APPENDICE

COMPRENANT UN RÉSUMÉ DES QUATRE DERNIÈRES LEÇONS, ET DES ADDITIONS SUR LE FLUIDE NOURRICIER, SES RÉSERVOIRS ET SON MOUVEMENT DANS TOUT LE RÈGNE ANIMAL.

ARTICLE I.

DU FLUDE NOURRICIER.

[Nous avons d'abord étudié le fluide nourricier des animaux, indépendamment des capacités qui le renferment, et des mouvements qu'il y manifeste, sous le triple rapport de ses proportions relatives, de sa composition organique ou de sa composition chimique.

Ces considérations sont toutes de la plus haute importance en physiologie. En effet, la première fait pressentir à la fois le rôle de ce fluide dans l'organisme et l'une des conditions de la vie active; la seconde montre la complication organique du fluide nourricier en rapport avec le nombre et la complication des organes; et la dernière nous fait connaître, dans le sang, la plupart des éléments chimiques de l'organisation la plus compliquée. A tous ces égards, nous avons vu combien la science est encore peu avancée, surtout lorsqu'il s'agit des trois derniers types du règne animal, et nous désirons vivement, en signalant ce vide de faits et d'observations positives, provoquer des recherches qui, bien dirigées, conduiront, nous le prévoyons avec conviction, à d'importantes découvertes sur la composition des organismes inférieurs, et pour l'intelligence de leurs fonctions.

Dans certains de ces organismes, les *Rhizopodes*, les *Acalèphes*, les *Polypes gélatineux*, la proportion des parties solides relativement aux parties fluides est, ainsi que nous l'avons dit, extrêmement faible. Ici la puissance de la vie ne se manifeste que lorsque l'organisme est pénétré d'une très-grande quantité d'eau.

D'un autre côté, le fluide nourricier paraît encore faiblement organisé dans ce type, si l'on en juge par le petit nombre des globules qu'il renferme, par leur forme, par leurs dimensions variables dans le même sang, et par l'absence fréquente de couleur, signalée dans presque toutes les classes de cet embranchement. Cependant nous avons décrit, dans celle qui présente l'organisation la plus compliquée, du moins dans le premier ordre de cette classe, celui des *Echinodermes pédicellés*, deux sortes de fluide nourricier : l'un ordinairement limpide, incolore, renfermant extrêmement peu de globules; l'autre faiblement coloré, dans lequel roulent des globules moins rares, qui lui donnent sa nuance jaune, orangée ou rougeâtre.

Le premier est une lymphe, une sève non élaborée, dans laquelle les extrémités périphériques des vaisseaux qui la renferment, et qui se déploient fréquemment dans l'eau ambiante, paraissent verser et mélanger une grande proportion de cette eau. L'autre est un chyle sanguin formé ou renouvelé immédiatement par le canal alimentaire, et dont les réservoirs sont plus particulièrement en rapport avec ce canal. Nous verrons qu'il y est soumis, dans les *Holothuries*, à une dépuration immédiate, au moyen d'un organe de respiration abdominale, qui n'est au fond que le foie des animaux supérieurs, dont l'appareil sécréteur et excréteur a été modifié en appareil de trachées aquifères.

Dans les *Astéries*, la respiration semble plutôt s'opérer sur la lymphe, par le moyen de petits cœcums qui font partie du système vasculaire cutané.

Nous ne retrouverons cette gradation et cette distinction de deux fluides nourriciers que dans le type supérieur des vertébrés, et nous ne pouvions manquer de montrer leur coïncidence (1) dans les *Echinodermes pédicellés*, qui tient plutôt ici à l'emploi de la lymphe dans le mécanisme des pieds vésiculeux, qu'à la nécessité d'une élaboration successive de l'élément nutritf, bien évidente dans les vertébrés.

Dans aucun type la proportion du fluide nourricier, même le plus aqueux, ne se montre plus évidemment, comme un complément nécessaire de l'organisme, comme provoquant immédiatement, par sa présence, le mouvement vital de cet organisme, comme le faisant cesser sur-le-champ par son absence.

Dans les autres types, la dessiccation des parties

---

(1) Ce rapport nouveau que nous signalons ici corrobore celui que nous avons fait remarquer ailleurs, entre les vertébrés et les échinodermes pédicellés ; non-seulement dans les séries des vertèbres intérieures des *astéries*, ce qu'on avait observé depuis long-temps ; mais encore dans le squelette périphérique des *oursins*, qui est également intérieur, et même dans le rudiment annulaire de squelette intérieur des *Holothuries*.

solides entraîne leur désorganisation ; et la mort a lieu, long-temps auparavant, et sans retour possible à la vie, par la soustraction de certaines quantités du fluide nourricier, qui n'ont pas encore été déterminées avec précision.

Dans quelques *Zoophytes*, au contraire, l'organisation n'est pas détruite par la soustraction des parties aqueuses du fluide nourricier, pas plus qu'elle n'est détruite dans les graines végétales. La mort n'est qu'apparente ; le mouvement vital n'est qu'arrêté ; on voit l'organisme reprendre son activité, dès qu'il a reçu dans son intérieur une nouvelle proportion d'eau, sous une température déterminée (1).

C'est surtout le sang généralement incolore des *Mollusques*, limpide, un peu bleuâtre, ou même blanc de lait, qui avait fait distinguer les animaux sans vertèbres, par la dénomination d'animaux à sang blanc.

Ce sang est cependant organisé comme le fluide nourricier coloré. Il contient des globules et même de la fibrine. Il y aurait aussi, dans quelques cas,

---

(1) *Leuwenhoeck*, dans le dix-septième siècle, *Corti*, *Spallanzani*, *Müller*, *Gofredi*, dans le dix-huitième siècle (1774 et 1776) ; M. de Blainville, *Bulletin de la Société philom.*, avril 1826, et M. *Schultz*, en 1834, ont observé ces résurrections sur des animaux d'organisation distincte, auxquels on a donné les noms de *tardigrade*, et de *rotifère* des toits, de *furculaire* des toits, et dernièrement celui de *macrobiotus Huffelandii*, assigné par M. Schultz. Ce savant propose de réunir à la classe des crustacés, l'animal qu'il a observé et qu'il croit être le *tardigrade de Spallananzi*. L'absence de système nerveux apparent, sa forme générale, sans division, sans segment réel, annoncent un animal du type le plus simple, ainsi que tout son organisme, sur lequel M. *Dujardin* vient de donner des renseignements précieux. (*Annales des Sc. Nat.*, 2me série, t. x, p. 183 et pl. 2.)

L'animal peut-être le plus étonnant par la ténacité de sa vie, et le rôle que joue l'humidité dans certains organismes, est le *vibrio tritici*, sur lequel M. *Francis Bauer* a publié les plus intéressantes observations (*Annales des Sciences Nat.*, t. II, p. 154. Paris, 1824.)

de l'*hématosine*, si l'observation de la couleur rouge du sang dans le *teredo navalis*, faite par Ev. Home, se confirme.

Le sang des *Articulés* nous a offert toutes les nuances du rouge dans les *Annélides*, depuis la teinte la plus légère, qui trouble à peine la limpidité du fluide nourricier, et qui le fait encore paraître à peu près blanc, jusqu'au rouge le plus éclatant.

Nous avons provoqué des recherches à cet égard pour déterminer le rapport entre l'intensité de la couleur rouge, avec la quantité de respiration ; et nous avons fait pressentir que les différences dans l'intensité de couleur, trouvées dans le sang des espèces d'un même genre, les *Aphrodites*, dont les unes ont le sang à peu près incolore, et les autres le sang rouge, pourraient se montrer encore dans le même individu, aux différentes époques de sa vie, pendant lesquelles sa respiration aurait été accélérée ou ralentie, active ou suspendue.

De nouvelles recherches sont nécessaires pour déterminer la place qu'occupe, dans cette classe, la matière colorante. Appartient-elle au plastique, comme le pense M. R. *Wagner* (1), qui a vu ces globules incolores ; ou colore-t-elle ces globules ainsi que nous l'avons dit (p. 395) d'après M. Valentin (2) ?

Il serait bien important d'analyser comparativement la matière colorante du sang rouge et du sang vert, et de déterminer, dans ce dernier cas, si elle est encore combinée avec le fer, ou bien à un autre métal.

---

(1) *Suplément de la physiol. compar. du sang*, p. 39, Léipsig, 1838.
(2) *Répertoire d'Anatomie et de Physiologie*, t. I, p. 71. Berlin, 1836.

Relativement à *la proportion du sang dans l'organisme des Vertébrés*, on aura pu remarquer, dans les tables que nous avons données page 13, combien cette proportion est faible dans les mammifères, relativement à son appréciation dans l'homme, puisqu'ici elle serait d'1/6 ou même d'1/5 du poids total; tandis qu'on l'aurait trouvée au plus d'1/12 et le plus souvent d'1/20 dans les mammifères (1).

Mais une nouvelle méthode, pour apprécier la quantité de sang rouge de chaque animal, a conduit à des résultats qui se rapprochent entièrement des proportions indiquées pour l'homme.

Ainsi la proportion moyenne du poids du sang, relativement au poids du corps, serait

Dans le *chat* :: 1 : 5,78 et non :: 1 : 23.
Dans le chien :: 1 : 4,53 et non :: 1 : 16.
Dans le lapin :: 1 : 6,20 et non :: 1 : 24.
Dans le mouton :: 1 : 5,02 et non :: 1 : 22.

Ces résultats, je l'avoue, me donnent confiance dans cette méthode, malgré les grandes difficultés qu'elle me paraît avoir dans son exécution. En effet, elle est fondée sur l'appréciation des parties solides du sang, relativement aux parties liquides, et sur la différence introduite dans cette proportion par un mélange d'une quantité donnée d'eau.

Il s'agit, pour y parvenir, de faire une première saignée et de remplacer immédiatement la quantité

(1) M. *Schultz*, il est vrai, estime que dans une vache la quantité de sang peut être au poids total :: 1 : 6 et même :: 1 : 5,41, et dans le bœuf :: 1 : 12 et même :: 1 : 8,57.

de sang extraite de la veine par une quantité donnée d'eau; de faire une seconde saignée après le mélange complet de cette eau avec la masse totale du sang; d'évaporer les deux sangs, de peser les résidus solides et de juger de la quantité totale du sang, par la diminution de ces derniers dans le sang de la seconde saignée (1).

La grande difficulté de ce genre d'appréciation nous paraît devoir provenir de la quantité de lymphe que le système lymphatique semble verser très-promptement dans le système sanguin, aussitôt que la saignée a fait un vide dans ce dernier.

MM. Prevôt et Dumas expliquent très-bien, de cette manière, la prompte diminution de la proportion des globules du sang, par des saignées faites à quelques minutes d'intervalles; diminution que les médecins avaient observée de tout temps, et que le vulgaire exprime en disant très-justement, que les saignées appauvrissent le sang.

Le sang des animaux vertébrés est un fluide organisé : c'est la portion mobile de l'organisme se mouvant dans la portion fixée, mettant en rapport toutes les parties de cet organisme, agissant sur elles comme elles réagissent sur le sang.

Nous avons vu que son organisation se compose de deux parties essentielles, le *plastique* qui est liquide, mais qui paraît avoir, surtout au moyen de la fibrine qu'il renferme, la propriété de se solidifier dans les organes, et les *globules* qui roulent dans le plastique.

Nous avons indiqué ce que l'état actuel de la science

(1) Voir le *Repertorium* de M. Valentin, t. III, p. 281.

apprend sur le nombre, la forme, les dimensions et la composition des globules.

M. R. *Wagner* (*Supplément à la Physiol. comp. du sang*, Léipsig, 1838) vient de publier le dernier résultat de ses propres observations sur ce sujet. Il en conclut que, parmi les mammifères, l'homme et les singes ont les globules les plus grands; leur diamètre moyen étant de $\frac{1}{300}$ de ligne; celui des carnassiers de $\frac{1}{400}$; et celui des *Ruminants* de $\frac{1}{500}$ seulement. Il persiste à caractériser leur forme comme biconcave.

Depuis l'impression des premières feuilles de ce volume, qui date du mois de novembre 1837, M. Mandl a fait l'observation bien remarquable que quelques *Mammifères*, le *dromadaire* et l'*alpaca*, ont des globules elliptiques (1). Ainsi la limite tranchée que l'on avait cru exister dans la forme des globules rouges, entre cette classe et celles des vertébrés ovipares, n'existe pas sans exception.

M. R. *Wagner* en avait déjà indiqué une très-sensible dans les globules du sang des *suceurs*, parmi les poissons cartilagineux. Ces globules sont ronds, biconcaves et ressemblent beaucoup à ceux de l'homme.

Il est remarquable que les *Marsupiaux didelphes*, qui ont quelques rapports avec les ovipares, dans leurs fonctions de génération et dans l'organisation de leur encéphale, ont cependant, comme les autres mammifères, des globules circulaires; du moins ce fait vient-il d'être constaté sur le sang d'un *Kanguroo* (2). Seu-

---

(1) *Anatomie microscopique*, 1re livraison. *Sang*. Paris, 1838, pl. 2, fig. 4, *a* et 4, *b*, et séance de l'Académie royale des Sciences du 17 décembre 1838.

(2) Rapport de M. *Milne-Edwards*, Comptes rendus de l'Académie des Sciences du 31 décembre 1838.

lement ici les globules paraissent avoir des dimensions plus variables que dans les autres mammifères (de $\frac{1}{175}$ millim. et de $\frac{1}{125}$).

Il y a, en général, dans la forme et les dimensions des globules sanguins des vertébrés ovipares, des caractères différentiels qui pourraient distinguer, au besoin, les classes de cette division. Les *oiseaux* les ont en forme de courge, une fois aussi longs que larges. Dans les *reptiles ordinaires* ils ont généralement une saillie ombilicale, et leurs dimensions excèdent celles des globules dans les oiseaux; et dans les *reptiles amphibies* ces dimensions sont plus grandes que dans les trois premiers ordres.

D'où vient cette différence de forme dans les globules de certains organismes, et la grande différence dans leurs dimensions, relatives au volume de l'animal? On peut conjecturer que c'est la filière des vaisseaux capillaires, à travers lesquels les globules d'un volume déterminé doivent passer, qui produit la forme elliptique. Mais on n'expliquerait pas, à notre avis, par le diamètre de ces vaisseaux, ainsi que le pense M. Schultz, les dimensions relatives des globules; ces dimensions paraissant antérieures, dans l'embryon, à la formation apparente des vaisseaux.

Si le diamètre des capillaires force les globules de s'allonger pour traverser leur canal, il faut qu'ils aient été primitivement ronds ou trop gros dans tous les sens. C'est ce que nous apprennent les observations de MM. Prevost et Dumas, des globules sanguins du poulet, qui restent ronds jusqu'au cinquième jour de l'incubation inclusivement (1), et ne commencent à devenir

(1) *Développement du cœur et formation du sang*, par MM. Prevost et Dumas, *Ann. des Sc. Nat.*, t. III, p. 36, 1824.

elliptiques que lorsque le système des vaisseaux sanguins et le cœur sont assez développés pour réagir sur leur forme et leurs dimensions primitives, qui paraissent avoir une autre cause que celle du diamètre des vaisseaux capillaires du fœtus.

Je présume cependant qu'elles sont dépendantes de la composition chimique du sang, et de la même puissance organisatrice qui forme les vaisseaux. L'embryogénie pourra donc répandre quelques lumières sur la cause des dimensions relatives des globules qui, je le répète, ne sont nullement en proportion avec le volume de l'animal.

Tous les micrographes conviennent que chaque globule sanguin des vertébrés est une vésicule qui renferme la matière colorante ; la plupart conviennent encore que les vertébrés ovipares ont au centre de cette même vésicule un noyau de substance transparente, probablement incolore. Les uns admettent ce même noyau dans les globules des mammifères ; tandis que d'autres pensent qu'il ne se forme qu'après la mort, par la coagulation de l'albumine (1).

Ce que nous avons dit des globules, dans les *trois types inférieurs*, semble montrer que leur organisation est en rapport avec celle du système des vaisseaux san-

---

(1) De même que la partie plastique du sang se décompose en fibrine et en sérum, ainsi les globules se séparent, après la mort, en deux parties distinctes, l'enveloppe et le noyau. Celui-ci est un agrégat de molécules moins fines que celles qui composent l'enveloppe. M. Wagner, *Supplément à la physiologie comparée du sang*. Léipsig, 1838.

De nombreuses expériences m'ont conduit à considérer les globules des mammifères comme étant formés d'une vésicule colorée, renfermant une matière liquide albumineuse; cette matière remplace le noyau qui existe incontestablement dans les globules des trois autres classes des vertébrés. (Lettre de M. *Donné* à M. *Maudl*, p. 9 de l'ouvrage cité de ce dernier savant.)

guins, qu'elle est d'autant plus parfaite que ce système est plus complet.

Les *Mollusques* ont une enveloppe transparente dans leurs globules, comme le type des vertébrés. Nous ajouterons la *limace* et le *colimaçon* aux mollusques cités dans notre texte (p. 358) comme ayant les globules vésiculeux.

On a trouvé (1) leur diamètre de

$\frac{1}{150}$ à $\frac{1}{200}$ de ligne dans le poulpe musqué.

$\frac{1}{225}$ (MM. Prévost et Dumas) dans le colimaçon.

$\frac{1}{300}$ à $\frac{1}{200}$ (M. R. Wagner) dans le même animal.

$\frac{1}{300}$ à $\frac{1}{175}$ dans l'anodonte des cygnes.

$\frac{1}{400}$ à $\frac{1}{200}$ dans l'ascidia microcosmus.

Les *Animaux articulés* ont les globules moins complets. On ne peut les décomposer évidemment en un noyau et une enveloppe. Cependant les grains dont ils paraissent composés, dans l'*écrevisse de rivière*, semblent être réunis par une membrane transparente.

En général leur diamètre varie dans ce type de $\frac{1}{100}$ à $\frac{1}{500}$ de ligne. Leur forme est ronde ou allongée; leur structure granuleuse, et leur couleur le plus souvent transparente. Sous ces différents rapports on les a comparés aux globules lymphatiques des animaux vertébrés.

Ceux des *sangsues* sont de petits noyaux granuleux de forme inégale (2).

---

(1) *Mensiones micrometricæ*, etc., par M. R. *Wagner*.

(2) On a imprimé par erreur (p. 395 de ce volume) que leur dimension était d'après M. Valentin, de 0,0002 de ligne; il faut lire de pouce. Cette mesure était de M. R. Wagner; tandis que M. Valentin l'avait trouvée du double, ou de 0,0004 de pouce. On pourra voir dans la table ci-après ces dernières mesures en fraction de ligne d'après M. R. *Wagner*.

VOICI UN TABLEAU DU DIAMÈTRE DES GLOBULES DU SANG DANS LES ANIMAUX ARTICULÉS, MESURÉ EN FRACTIONS DE LIGNES.

Crustacés.	
Astacus fluviatilis	$\frac{1}{80}$, $\frac{1}{90}$, $\frac{1}{125}$.
Maja squinado	$\frac{1}{225}$ à $\frac{1}{175}$.
Squilla mantis	$\frac{1}{200}$.
Palæmon	$\frac{1}{225}$.
Oniscus aquaticus	$\frac{1}{300}$ à $\frac{1}{200}$.
Daphnia pulex	$\frac{1}{300}$.
Lynceus	$\frac{1}{300}$ à $\frac{1}{250}$.
Argulus foliaceus	$\frac{1}{250}$.
Arachnides.	
Scorpio europæus	$\frac{1}{200}$ à $\frac{1}{175}$.
Insectes.	
Dyticus marginalis	$\frac{1}{500}$ à $\frac{1}{250}$.
Larva trichii eremitæ	$\frac{1}{200}$.
Eruca sphingis euphorbiæ	$\frac{1}{200}$ à $\frac{1}{100}$.
Larva ephemeræ vulgatæ	$\frac{1}{300}$ à $\frac{1}{200}$.
Larva corethræ plumicornis	$\frac{1}{300}$.
Annelides.	
Nereis.	$\frac{1}{200}$.
Aphrodita aculeata	$\frac{1}{400}$ à $\frac{1}{150}$.
(1) { Hirudo officinalis Hæmopis vorax }	$\frac{1}{500}$.
Lumbricus terrestris	$\frac{1}{100}$, $\frac{1}{150}$, $\frac{1}{200}$, $\frac{1}{300}$.

(1) *Sur les globules du sang*, etc., par M. R. Wagner, *Archives d'Anatomie*, etc., de J. Muller, année 1835, p. 318.

M. R. *Wagner* dont nous avons emprunté les mesures micrométriques du précédent tableau, ne donne, pour les *Zoophytes*, que celle des globules de l'*astérie orangée*, qu'il estime de $\frac{1}{500}$ à $\frac{1}{150}$.

Nous avons observé (p. 454) que les *Echinodermes* sont à cet égard les derniers des animaux dont le sang montre une organisation compliquée de globules. Elle nous paraît tenir encore à des réservoirs vasculaires formant un système plus terminé.

Relativement à la *composition chimique* du sang de l'homme et des animaux, de la lymphe et du chyle des vertébrés, nous avons donné, au commencement de ce volume, un résumé de ce que la science comprend à ce sujet de plus positif.

Les résultats des analyses de MM. *Prevost* et *Dumas*, *Denis* et *Lecanu*, font voir que cette composition chimique moyenne du sang de l'homme, pris chez des individus dont les conditions sont autant que possible les mêmes, peut osciller entre des termes très-éloignés. Voici les proportions des matières trouvées, par M. *Lecanu*, dans le sang veineux de dix individus adultes :

	Eau.	Matières extractives, salines, grasses, colorantes.	Albumine du sérum.	Globules.
Maximum.	805,263	14,000	76,120	148,450
Minimum.	778,625	8,870	57,890	115,850
Différence.	26,638	5,130	20,230	32,600
Moyenne des 10 analyses	789,320	10,688	68,059	132,490

Nous ajouterons à ces renseignements le dernier tableau résumé des différentes substances qui entrent dans la composition du sang veineux de l'homme, d'après le même chimiste; nous croyons devoir l'indiquer après celui de la page 36 de ce volume, comme étant le résultat des plus récentes recherches sur ce sujet intéressant,

Sur 1,000 parties, le sang veineux contient, terme moyen :

Sérum. . . .	869,1547
Globules. . .	130,8453
	1000,0000

Les 869,1547 parties de sérum se composeraient de

Eau.	790,3707
Oxygène.	
Azote.	
Acide carbonique.	
Matières extractives.	
Graisse phosphorée.	
Cholestérine.	
Séroline.	
Acide oléique libre.	
—— margarique id.	
Hydrochlorate de soude.	
—— de potasse.	10,9800
—— d'ammoniaque.	
Carbonate de soude.	
—— de chaux.	
—— de magnésie.	
Sulfate de potasse.	
Lactate de soude.	
Sels à acides gras fixes.	
Sel à acide gras volatil.	
Matière colorante jaune.	
Albumine.	67,8040

Nous ne pouvons manquer de faire remarquer ici plusieurs propositions sur la composition chimique ou organique du sang, sur lesquelles les derniers travaux ne sont pas d'accord.

Une expérience bien positive faite par M. J. Müller,

et confirmée en France (1), prouve que la fibrine est mêlée au sérum, et qu'elle n'y est que très-divisée et non dissoute.

Cependant M. Lecanu n'admet pas que la fibrine soit contenue dans le sérum ; il la suppose dans les globules, et il pense qu'il les sépare exactement du sérum par un procédé qu'il a imaginé, et qui consiste à faire couler immédiatement, au sortir de la veine, une partie de sang, dans huit parties d'une solution saturée de sulfate de soude.

Le sang, dans ce cas, ne se coagule pas; les globules se précipitent au fond de la solution.

C'est par ce procédé que M. Lecanu a cru pouvoir donner, ainsi qu'il suit, la proportion des globules relativement à la masse totale du sang, et celle des trois substances qui les constituent, dans son opinion.

Sur 1000 parties de sang, il y en a 130,8453 de globules, qui se composent de

Fibrine	2,9480
Hématosine	2,2700
Albumine	125,6273.

Nous pensons qu'on pourrait trouver la vérité dans l'une et l'autre opinion, et que toute la fibrine n'est pas dans le sérum; mais que les globules en renferment aussi une certaine quantité.

D'après ce dernier travail de M. Lecanu, la proportion de la matière colorante serait bien plus faible que ne l'indique le tableau de la page 22 de ce volume.

(1) *Annales des Sciences Naturelles*, 2me série, t. 1, p. 51, note 1.

Cette matière colorante du sang, ou l'hématosine, donnerait, suivant ces mêmes recherches de M. Lecanu (1), sur 100 parties, 10 parties de protoxide de fer, qui représentent 7,1 de fer métallique.

C'est à l'état métallique, suivant ce savant, que le fer existe dans cet élément constitutif du sang.

D'ailleurs le fer et la matière colorante, contrairement à l'opinion de *Gmelin*, ne peuvent s'obtenir isolément, et ils paraissent unis d'une manière indissoluble, pour constituer l'hématosine.

L'hématosine présente des propriétés physiques et chimiques identiques, dans les animaux des quatre classes des vertébrés,

Cependant le fer, qui s'y trouve toujours en grande proportion, semble varier en quantité relative, suivant les espèces et surtout suivant les classes (2).

Extraite par le procédé de M. Lecanu, l'hématosine est solide, sans odeur, sans saveur, terne et de couleur brune, d'un éclat métallique et d'un noir rougeâtre, qui rappelle l'aspect de l'argent rouge des minéralogistes.

L'eau, l'alcool et l'éther acétique, chargés d'une très-minime quantité d'ammoniaque, de potasse ou de soude caustique, la dissolvent aisément et la colorent en rouge de sang.

Le fluide nourricier des vértébrés n'est pas seulement le *sang rouge*, dont nous avons cherché à apprécier les proportions et la composition organique et chimique; c'est encore la *lymphe* ou ce liquide incolore et limpide que renferment les vaisseaux et les ganglions

(1) *Etudes chimiques sur le sang humain*. Paris, 1837, p. 17 et suiv.

(2) Ibid., p. 38.

lymphatiques ; c'est aussi le *chyle* ou ce liquide blanc de lait, ou un peu rosé, qui circule dans les chylifères et le canal thoracique, après la digestion.

Nous avons fait remarquer que le sang des vertébrés devait passer par ces degrés successifs d'organisation, de chyle et de lymphe, pour arriver à son état normal de sang nutritif et vital ou de sang artériel. Nous avons vu, ou fait pressentir, que le sang veineux dans lequel le chyle et la lymphe sont versés, subit, avant de devenir sang artériel, des dépurations ou des transformations moléculaires, dans le foie et dans les poumons, qui sont encore des élaborations, ou des degrés plus élevés dans sa composition organique.

La chimie fonctionnelle ou vitale produit toutes ces transformations moléculaires successives, qui changent, entre autres, les proportions de la graisse et de l'albumine, et celles de la fibrine du sang; qui produisent l'hématosine, complètent l'organisation des globules, et paraissent introduire dans les vésicules une plus grande proportion d'oxigène; et une température plus élevée dans toute la masse du sang artériel. C'est par ces changements chimiques et organiques successifs que, dans les animaux supérieurs, la lymphe et le chyle deviennent du sang veineux, et celui-ci du sang artériel.

Au sujet de la forme variable des globules, relativement à l'âge des embryons, nous aurions dû citer MM. Prevost et Dumas, qui ont figuré dans leur excellent mémoire (1) la forme des globules du sang du poulet aux différentes époques de l'incubation et mon-

(1) Développement du cœur et formation du sang, Mémoire cité.

tré qu'ils sont ronds durant les cinq premiers jours, et ne deviennent ovales qu'après ce terme.

M. R. *Wagner* a fait la même observation sur les *têtards de grenouille*. Ce n'est qu'au huitième jour que les globules prennent la forme ovale et la grosseur qu'ils montrent dans les adultes. Dans les embryons fort jeunes de *brebis*, de 2 ½ pouces de long, dans ceux de *lapins* et de la *chauve-souris commune*, ces globules sont beaucoup plus grands que dans les adultes, et de forme globuleuse. Ces observations sont du plus haut intérêt pour expliquer la nutrition du fœtus.

Quant aux changements que les maladies produisent dans la composition organique ou chimique du sang, nous ne rappellerons que ceux observés chez les cholériques, dont le sang montre une singulière tendance à se coaguler pendant la vie même (1); et ce sang laiteux, qui, dans plusieurs maladies, présente toutes les apparences du lait; dans lequel la fibrine et la matière colorante ont à peu près disparu, et qui n'est plus qu'une émulsion de substances grasses et d'albumine (2).

ARTICLE II.

RÉSERVOIRS DU FLUIDE NOURRICIER.

§ I. *Considérés en général.*

La seconde considération générale d'après laquelle nous avons divisé l'étude de la grande fonction de nutrition, désignée bien incomplétement dans les ouvrages

---

(1) *Essai sur l'application de la chimie à l'étude du sang de l'homme*, par P. S. Denis, D. M. P. Paris, 1838.—(2) Et la *Thèse* déjà citée de M. *Lecanu*, où l'on trouve une observation originale du sang laiteux.

de physiologie, sous le nom de circulation, est celle des *réservoirs du fluide nourricier*.

Ces réservoirs nous ont offert, dans la série animale, des différences de plusieurs genres, dont les unes peuvent être rapportées à la *forme* et à la *structure*, c'est-à-dire à leur *organisation* proprement dite; dont les autres tiennent à leur disposition, à leur arrangement dans l'organisme. Ils présentent encore des différences importantes qui sont relatives à la nature du fluide qu'ils renferment, et à leur but fonctionnel.

A. Relativement à leur *organisation*, les réservoirs du fluide nourricier sont:

1°. Des *cellules* analogues à celles des végétaux cellulaires : l'*hydre d'eau douce*, parmi les polypes; la *ligule*, parmi les intestinaux, ne paraissent pas en avoir d'autres.

2°. Dans une organisation un peu plus avancée, ce sont des *canaux*, dont la structure varie.

Tantôt ils sont creusés dans la substance même, dans le parenchyme de l'animal, et n'ont pas de parois distinctes ou séparées de ce parenchyme. Ici leur capacité peut diminuer ou augmenter avec les mouvements de contraction ou de dilatation de tout l'animal, ou de ses parties. Les *Méduses* nous en ont fourni des exemples. Ils répondent, en quelque sorte, aux méats intercellulaires des plantes.

Dans d'autres organismes, ces canaux sont superficiels, saillants, à parois immobiles, ne pouvant pas changer de diamètre, et ayant encore dans leur capacité des trachées : telles sont les nervures des ailes dans les insectes.

3°. La troisième différence de forme et d'organisation des réservoirs du fluide nourricier que nous devons distinguer, est celle que l'on peut désigner sous le nom de *lacunes*. Nous appelons ainsi des vides qui existent entre les rameaux artériels et les racines des veines, qui ne se continuent pas l'un avec l'autre par l'intermédiaire d'un système capillaire.

Ces lacunes forment des méats dans les interstices des faisceaux musculeux, dans les intervalles des organes et des parties, dans lesquels le fluide nourricier pénètre et se meut d'un système vasculaire à l'autre. C'est le cas des *Crustacés* et des *Arachnides pulmonaires*.

4°. Les réservoirs du fluide nourricier peuvent consister encore en lacunes plus considérables, lorsque le système vasculaire est à l'état rudimentaire. Ce sont alors des *cavités viscérales* tout entières, dans lesquelles le fluide nourricier est épanché. C'est le cas des *Insectes* et des *Arachnides trachéennes*, où l'on trouve le sang non-seulement dans les interstices des muscles, mais encore dans les cavités de l'abdomen, du thorax et de la tête. Il n'y a, dans ces animaux, pour réservoirs périphériques, que les canaux des ailes ou d'autres appendices; et pour réservoir central circonscrit, que le vaisseau dorsal qui sert en même temps et principalement d'organe d'impulsion et de direction : encore ce vaisseau dorsal paraît-il réduit, dans les *Hémiptères hétéroptères* qui ont tout leur développement, à l'état d'un simple ligament.

5°. Enfin les réservoirs du fluide nourricier peuvent être des *vaisseaux*, c'est-à-dire des canaux à parois distinctes, libres, mobiles, contractiles et dilatables.

Les vaisseaux des animaux se distinguent, entre autres, de ceux des plantes, et cette comparaison servira encore à les mieux caractériser, en ce que leur canal est continu, et non interrompu, dans tout un système, quelque nombreuses que soient leurs ramifications; et que, s'il y a une lacune entre deux systèmes vasculaires, les rameaux ou les racines de ces systèmes ont leur canal ouvert et béant dans cette lacune.

Au contraire, dans les végétaux, chaque vaisseau est clos à son extrémité, qui est en forme de cône, et son canal peut encore être interrompu et divisé par des diaphragmes, restes des cellules dont ce vaisseau a été formé primitivement.

B. Les différences que nous ferons remarquer ici dans les réservoirs du fluide nourricier, relativement à leur disposition, à leur *arrangement général dans l'organisme*, se rapportent surtout aux réservoirs vasculaires.

Nous ferons d'abord sentir celles qui distinguent encore à cet égard les plantes des animaux.

Les vaisseaux des plantes, du moins les vaisseaux spiraux, ceux de la sève non élaborée, sont plutôt des canaux, en ce qu'ils présentent à peu près le même diamètre dans toute leur étendue, lequel est toujours capillaire, quelle que soit la grandeur du végétal, et qu'ils ne se ramifient pas du tout ou très-peu; qu'ils marchent parallèlement les uns à côté des autres, plus ou moins pressés les uns vers les autres, formant ainsi des faisceaux, mais ne s'anastomosant pas ; ils restent conséquemment séparés, indépendants, malgré leur rapprochement, et ne forment pas d'ensemble, ou de système unique.

Il faudrait en excepter le système vasculaire du suc vital ou du sang artériel des plantes, d'après M. Schultz. Les différentes formes que prennent ces réservoirs canaliculés, aux différentes époques de développement du végétal, suivant le même auteur, ne permettraient de les regarder, il nous le semble du moins, que comme des voies temporaires, que comme des méats, que le développement ultérieur des cellules entre lesquelles ils pénètrent, ou leurs propres modifications de forme, interceptent et obstruent entièrement (1).

Le caractère général des vaisseaux des animaux est, au contraire, de former dans l'organisme un tout, disposé le plus généralement comme un arbre qui a sa partie centrale, c'est-à-dire sa tige ou son tronc, et ses parties périphériques ou ses branches, et ses racines. Cette tige, dont le diamètre est généralement en proportion du volume de l'animal, est l'aboutissant du fluide nourricier qui s'y rend par les racines, et le point de départ de ce fluide qu'elle transmet aux branches et aux rameaux.

Lorsque la forme arborescente, dans un même système vasculaire, est très-marquée, le fluide nourricier y suit généralement une marche bien déterminée dans un même sens; c'est toujours un mouvement de concentration dans les *veines*, qui répondent aux racines de l'arbre, et de divergence ou de diffluence dans les artères, qui en sont les branches et les rameaux.

Dans cette disposition arborescente du système vasculaire, le tronc ou la tige de l'arbre se rapproche toujours de l'axe du corps. C'est un arrangement par lequel ce système est plus centralisé; aussi lui voit-on le plus souvent, entre le tronc et la souche, un organe d'impulsion et de direction, un cœur, qui est le complément actif de cette centralisation.

(1) Voy. *Annales des Sciences Naturelles*, t. XXII, pl. 1 et 2; et 2me série, t. VII, p. 257 et suiv.

Dans une autre disposition générale, les réservoirs vasculaires sont périphériques, ou circumvagants ; c'est encore ici une forme végétale, mais qui est plus comparable à la liane, qu'à l'arbre qu'elle entoure; une forme qui a pour but la nutrition et l'accroissement dans un sens plutôt que dans un autre, et qui est en rapport intime avec ces deux fonctions végétatives; une forme qui doit également servir à recueillir de toutes parts, à rassembler, à transmettre et à répandre dans tout l'organisme le fluide nourricier.

Les principaux troncs vasculaires suivent la direction longitudinale du corps, entre la peau extérieure et le peau intérieure, ou le canal alimentaire; leurs branches s'en détachent généralement à angle droit. Nous avons vu cette disposition dans les *Annelides.*

Les réservoirs du fluide nourricier sont loin de former, dans tous les organismes, un système complet et clos, renfermant tout le uuide, et ne laissant échapper de son canal compliqué, que les parties qui doivent servir à ses dépurations, ou celles qu'il doit fournir aux sécrétions et à la nutrition.

Pour que le svstème vasculaire sanguin soit complet et clos, et qu'il permette un mouvement circulaire du fluide nourricier dans tout l'organisme, il faut qu'il se compose de deux arbres, et que les rameaux de l'un se continuent avec les racines de l'autre; il faut que le fluide nourricier puisse revenir dans les voies qu'il a déjà parcourues, sans sortir de ce système, sans être épanché dans des lacunes.

Une fois qu'on aura conçu l'existence de ces deux arbres dans un système vasculaire sanguin complet, il sera facile de voir ou de déterminer jusqu'à quel point l'un ou l'autre sont devenus incomplets, et laissent épancher le fluide nourricier par leurs parties tronquées ou rudimentaires, dans des lacunes plus ou moins étendues.

Elles s'étendent encore davantage et se confondent avec les cavités viscérales, lorsque le système vasculaire est réduit à un seul arbre, et que cet arbre, comme dans les *Insectes*, n'est qu'une simple tige creuse, non ramifiée.

La forme arborescente, on ne peut plus centralisée, se voit aussi dans les canaux; mais ici il n y a tout au plus qu'un arbre complet.

Les canaux, comme les vaisseaux, peuvent donc être disposés en arbre, ou du moins arrangés de telle manière, que le fluide nourricier y suive un mouvement de dispersion du centre à la circonférence, et de concentration de la circonférence au centre. C'est le cas des *Béroés* et des *Méduses* ordinaires; ou de concentration et de dispersion alternative dans l'un et l'autre sens : c'est ce qui paraît avoir lieu, au moins dans les *Rhizostômes*.

C. Enfin si nous cherchons à caractériser les réservoirs du fluide nourricier dans leur *but fonctionnel*, et d'après la nature du fluide qu'ils renferment, nous trouverons que,

1° Les uns sont *réparateurs*, c'est-à-dire qu'ils renferment le chyle ou la lymphe, fluide nourricier non élaboré, destiné à réparer les pertes que le fluide nourricier élaboré a faites par la nutrition et les sécrétions;

2° Les autres sont *dépurateurs* ; ils portent le fluide nourricier élaboré dans les organes qui doivent perfectionner sa composition et son organisation, et les rendre normales, c'est-à-dire propres à exciter et à entretenir le mouvement vital dans tous les organes;

3° Les réservoirs qui renferment le fluide nourricier ayant acquis toutes ces dernières qualités, dans la composition chimique et organique, sont les *réservoirs nutritifs* ou *excitateurs*. Ils portent dans toutes les parties de l'organisme le suc vital propre à y soutenir l'activité fonctionnelle nécessaire pour la durée de l'existence.

Parmi les *réservoirs dépurateurs*, et cette distinction est importante :

a. Les uns sont *respirateurs* ou oxigénants;

b. Les autres sont dépurateurs par l'excrétion biliaire;

c. D'autres remplissent ce but par l'excrétion urinaire.

Nous montrerons, en parlant de cette dernière dépuration, les rapports remarquables qui existent entre elle et la dépuration biliaire, soit par la liaison des vaisseaux sanguins qui vont à l'un et à l'autre organe sécréteurs; soit par le rapprochement et la ressemblance que montrent, dans les insectes, leurs organes de sécrétion.

§ II. *Des réservoirs du fluide nourricier considérés dans les Types et les Classes.*

Arrêtons-nous encore à passer en revue, d'après ces considérations différentielles et d'analogie, les réservoirs du fluide nourricier, dans les types et les classes du règne animal.

A. Ce n'est que dans les *vertébrés* que nous avons trouvé les réservoirs du fluide nourricier entièrement vasculaires, complets, circonscrits, et bien distincts encore par la nature du fluide qu'ils charrient.

Ainsi nous avons fait connaître dans ce type :

1°. Un *système vasculaire réparateur*, celui des vaisseaux chylifères et lymphatiques, contenant le fluide nourricier non élaboré, la lymphe et le chyle. Il se compose au moins de deux arbres incomplets, ou de deux souches principales qui sont annexées au système sanguin dépurateur, et dont les racines nombreuses et étendues, et les réseaux d'origine, commencent dans tous les organes, mais principalement dans le canal alimentaire, les parois des cavités intérieures viscérales et dans les téguments.

2°. Une partie du sang proprement dit, comprenant le fluide nourricier élaboré, c'est-à-dire organisé, mais non encore dépuré, a pour réservoir un grand arbre, que j'appelle *dépurateur respirant*, dont les *racines* sont toutes les veines du corps, et dont les branches et les rameaux sont les artères pulmonaires ou branchiales. Cet arbre dépurateur, ce réservoir du sang noir, a, dans toutes les classes des vertébrés, un organe d'attraction et d'impulsion, un cœur, qui sépare sa souche, ou l'aboutissant des racines, du tronc proprement dit, d'où partent ses branches et ses rameaux.

Ce grand arbre vasculaire à sang noir en comprend deux autres qui lui sont subordonnés :

3°. L'arbre *dépurateur entéro-hépatique*, dont les racines sont dans tout le canal alimentaire digérant et dans une partie de ses annexes, la rate et le pancréas, et dont les branches et les rameaux sont dans le foie.

Les premières reçoivent le sang des derniers ramuscules du système nutritif des mêmes organes ; les dernières le transmettent aux radicules des veines hépatiques, qui font partie du grand arbre respirateur.

J'ai découvert un cas extraordinaire, celui de plusieurs *squales*, dans lequel la souche de cet arbre sanguin dépurateur doit servir d'organe d'impulsion, par la nature très-musculeuse de ses parois. (V. t. IV, 2e partie, p. 401 et 402.)

C'est la forme de cet arbre qui m'a conduit à la considération des deux grands arbres dépurateur et nutritif que je décris en ce moment; considération qui réformera peut-être la méthode adoptée généralement pour la description des vaisseaux sanguins, et pour la démonstration de la circulation.

On peut en déduire des inductions physiologiques très-importantes sur les réservoirs vasculaires du fluide nourricier, et sur le mouvement qui lui est imprimé dans ses réservoirs.

4°. L'autre arbre subordonné à celui-ci, est l'arbre rénal, que M. *Jacobson* admet dans trois classes d'ovipares.

On pourra voir, dans nos descriptions, son étendue, ses rapports avec le précédent, le balancement qui peut en résulter entre les deux sécrétions biliaire et urinaire, et jusqu'à quel point il paraît distinct et séparé du grand arbre respirateur.

Nous avons même indiqué dans l'*homme* et les *mammifères* une anastomose remarquable de la veine-porte et de la veine-cave, rudiment d'un plan entièrement développé dans les *ovipares*, et qui établit chez eux des communications plus larges et plus nombreuses entre les trois arbres dépurateurs.

5°. L'*arbre nutritif* ou excitateur, ou le système des

vaisseaux à sang rouge, a ses racines dans les poumons ou les branchies, et ses branches dans toutes les parties de l'organisme. L'origine de ses racines est dans le réseau capillaire des poumons ou des branchies, comme la terminaison des derniers ramuscules de cet arbre est dans le réseau capillaire de toutes les parties du corps, qui se continue, d'autre part, avec les racines de l'arbre dépurateur.

L'arbre nutritif a son tronc et sa souche séparés par un cœur ou par un organe d'attraction et d'impulsion, dans les trois classes supérieures des vertébrés; mais dans les *poissons*, la réunion des principales racines de cet arbre, ou sa souche, se continue directement avec le tronc, et cette circonstance montre déjà que l'existence d'un cœur entre la souche et le tronc de chacun de ces arbres, n'est point une séparation, mais une perfection organique pour l'ensemble et l'activité de leur action.

Ces deux grands arbres ont des proportions inverses dans leurs racines et dans leurs branches. Dans l'arbre dépurateur, ce sont les racines qui l'emportent sur les branches; le contraire a lieu dans l'arbre nutritif ou excitateur.

Les radicules de l'un communiquent avec les ramuscules de l'autre, et réciproquement, de manière que leur ensemble ne forme proprement qu'un grand cercle, ou qu'une ligne courbe fermée.

Il n'est donc pas exact de dire que le sang dessine dans son mouvement un double cercle, un huit de chiffre, dans l'homme, les mammifères et les oiseaux; c'est plutôt une ligne ondulée formant deux demi-cercles, un grand et un petit, pour chaque arbre, dont les troncs se fléchissent l'un vers l'autre par le rapprochement du cœur gauche ou nutritif, et du cœur droit ou dépurateur.

Dans les *Poissons*, où il n'y a qu'un cœur droit ou respirateur, ce rapprochement, cette ondulation n'a pas lieu, et le cercle circulatoire est plus direct.

Dans les trois classes des *Mammifères*, des *Oiseaux* et des *Poissons*, la communication entre l'arbre dépurateur et l'arbre nutritif excitateur n'a lieu que par les vaisseaux capillaires. C'est une communication périphérique qui permet le passage d'un arbre dans l'autre, dans un sens déterminé; c'est-à-dire des ramuscules de l'arbre nutritif dans les radicules de l'arbre dépurateur, et des ramuscules de l'arbre dépurateur dans les radicules de l'arbre nutritif.

Dans la classe des *Reptiles*, et je ne parle pas ici de ceux qui ont des branchies, mais seulement de ceux qui n'ont que des poumons, l'arbre nutritif et l'arbre dépurateur communiquent par différents points de leurs parties centrales, qui varient suivant les ordres de cette classe.

Les deux arbres nutritif et respirateur ont, à la vérité, leurs souches et les poches musculeuses (les oreillettes du cœur) auxquelles elles aboutissent, ou du moins leurs cavités, constamment séparées. Jusque là le sang noir et le sang rouge restent de même séparés. Mais au-delà s'établissent ces communications variées entre les troncs de ces arbres, ou dans les organes d'impulsion des deux sangs, et c'est seulement par elles que s'effectue le mélange de ceux-ci.

Dans les trois ordres supérieurs de cette classe, la communication centrale a lieu par une espèce de canal artériel, comme dans les fœtus des mammifères; avec cette différence que, dans les reptiles, il prend naissance au cœur, au lieu de tirer son origine de l'artère pulmonaire, et qu'il se termine plus tard que dans les mammifères, dans l'aorte proprement dite. Nous avons appelé ce canal artériel *aorte gauche*, et l'aorte proprement dite *aorte droite.*

Les deux aortes peuvent encore communiquer entre elles, dès leur origine, comme dans les jeunes *crocodiles*, chez lesquels les cœurs droit et gauche sont soudés, sans qu'il y ait de communication, du moins bien ouverte, entre leurs cavités.

Dans les autres *Sauriens*, dans les *Ophidiens* et dans les *Chéloniens*, les cœurs dépurateurs et nutritifs sont, pour ainsi dire, fondus l'un dans l'autre, et leurs cavités plus ou moins confondues.

Il en résulte, et des communications entre les troncs artériels déjà indiquées, que l'arbre nutritif et l'arbre dépurateur ne renferment plus un sang aussi différent que dans les autres classes.

Dans les *Batraciens*, les deux arbres nutritif et dépurateur ne sont distincts que dans leurs souches; ils confondent leur sang dans la seule poche centrifuge qui entre dans la composition de leur cœur; et dans le tronc vasculaire unique auquel celui-ci donne naissance, lequel est dépurateur dans une de ses branches seulement, et nutritif dans le reste de son étendue.

B. Dans le type des *Mollusques*, le fluide nourricier élaboré n'est pas distinct du fluide nourricier non élaboré. Il n'y a ni vaisseaux chylifères, ni vaisseaux lymphatiques; le chyle et la lymphe sont versés immédiatement dans l'arbre dépurateur. Plusieurs ont même la partie centrale de cet arbre percée de trous, pour recevoir le fluide épanché dans la cavité viscérale (p. 375).

Cet arbre a le plus généralement sa souche et son tronc sans poche musculeuse intermédiaire d'attraction ou d'impulsion, et conséquemment continus, ainsi que cela a lieu pour l'arbre nutritif des poissons, ou pour la veine-porte des vertébrés.

Les *Céphalopodes* à deux branchies, qui ont une *poche veineuse* entre la branche de la veine-cave qui répond à chaque branchie et l'artère de cette branchie, font seuls exception.

Mais entre la souche et le tronc de l'arbre nutritif ou excitateur, on trouve constamment un cœur au moins, quelquefois deux, lorsque l'arbre nutritif a deux troncs. Ce cœur n'a, dans les *Céphalopodes*, que sa poche centrifuge, ou son ventricule, sans oreillette.

Dans les *Acéphales testacés*, chez lesquels les branchies sont disposées symétriquement, au nombre de deux de chaque côté, l'arbre nutritif commence par deux souches qui répondent aux branchies de chaque côté, et ces deux souches versent le sang dans deux poches centripetes ou dans deux oreillettes. Mais le plus souvent celles-ci se réunissent à une seule poche centrifuge, ou à un seul ventricule.

Les *arches*, parmi les *Acéphales*, et les *Brachiopodes* nous ont fourni un exemple remarquable d'une division complète de l'arbre nutritif, du moins dans la partie centrale, avec une oreillette et un ventricule pour chaque arbre.

Dans tous ces animaux il y a donc, au moins, deux arbres bien distincts, l'un nutritif et l'autre dépurateur, dans lesquels le sang parcourt un cercle, en suivant toujours la même direction.

Dans les *Salpa* seulement, l'on dirait qu'il n'y a plus qu'un arbre, ayant dans sa partie centrale un cœur, dont l'impulsion agit alternativement, dans un sens ou dans un autre (p. 383 et 387).

C. Dans les trois classes supérieures du *Type des Articulés*, caractérisées d'ailleurs par leurs pieds articulés, les réservoirs du fluide nourricier peuvent se composer de vaisseaux, de canaux et de lacunes. En les étudiant successivement des crustacés supérieurs aux crustacés inférieurs, de ceux-ci aux arachnides pulmonées, des arachnides pulmonées aux arachnides trachéennes et aux insectes, on trouve que le système vasculaire devient de plus en plus incomplet dans ses deux arbres, et les lacunes de plus en plus étendues.

L'arbre nutritif, dans les *Crustacés*, est toujours le plus complet. Il a ses racines dans les branchies; elles y sont formées de canaux ou de vaisseaux bien évidents, qui ne se réunissent jamais en une seule souche; mais qui aboutissent au cœur séparément; aussi ce dernier organe est-il, dans ces animaux, sans poche centripète. Il ne consiste qu'en une seule poche centrifuge, dans laquelle les troncs multiples de l'arbre nutritif prennent naissance.

Il n'y a donc plus ici, ainsi qu'on a déjà pu le remarquer dans quelques mollusques, de tendance à l'unité, à la concentration, dans l'arbre nutritif.

Quant à l'arbre dépurateur, c'est celui qui a le plus de lacunes; elles existent surtout dans son origine périphérique. Ses branches sont complètes dans les branchies, où elles se continuent avec les radicules de l'arbre nutritif.

Il n'y a jamais d'organe d'impulsion ou de cœur pulmonaire à leur origine.

Les lacunes augmentent dans les *Arachnides pulmonaires*, et semblent comprendre l'arbre dépurateur tout entier, et même les derniers ramuscules de l'arbre nutritif, qui paraît avoir encore ses racines dans les sacs pulmonaires.

Dans les *Arachnides trachéennes* et les *Insectes*, les racines de l'arbre nutritif manquent; cet arbre est réduit à un simple tronc, sans ramifications; et l'on ne trouve que quelques canaux dans la partie périphérique du corps (les ailes des insectes), tenant lieu de système capillaire, entre cet arbre nutritif si rudimentaire et les lacunes ou les grands réservoirs remplaçant l'arbre dépurateur du fluide nourricier.

Les arbres vasculaires plus ou moins incomplets des trois classes précédentes montrent, même dans leur état rudimentaire, ce plan de centralisation des réservoirs vasculaires des vertébrés et des mollusques, que nous avons signalé. Dans les *Annélides*, chez lesquelles les réservoirs du fluide nourricier sont de nouveau complétement vasculaires, ces réservoirs, ainsi que nous l'avons déjà fait remarquer, sont périphériques, c'est-à-dire qu'ils sont disposés plutôt vers la périphérie que vers l'axe du corps, plutôt pour un mouvement de circumvagation, parallèle à la surface de l'animal, que pour un mouvement de concentration vers l'axe du corps, et de rayonnement ou de dispersion vers la périphérie et les extrémités.

Les principaux vaisseaux sont des tiges nutritives,

disposées selon la longueur du corps, et dirigeant le principal torrent sanguin dans ce sens.

Elles ont des branches ou des racines subordonnées, transversales, qui vont respirer dans les branchies, ou à la peau, et forment autant de petits cercles latéraux qu'il y a de branchies.

Il n'y a donc plus d'arbre dépurateur, dans cet arrangement, mais seulement des rameaux subordonnés, qui partent des tiges nutritives, ou qui y reviennent.

D. Le type des *Zoophytes* nous a offert toutes les formes des réservoirs du fluide nourricier.

Dans les *Échinodermes*, et plus particulièrement dans l'ordre des *Pédicellés*, ces réservoirs sont vasculaires et encore très-compliqués, puisqu'ils se composent de deux systèmes distincts, l'un cutané et l'autre intestinal. Celui-ci est réparateur et dépurateur dans les *Holothuries* et peut être dans les *Oursins;* ses principaux vaisseaux y complètent une ligne circulaire. L'autre est disposé de manière que le fluide qui le remplit ne paraît y avoir qu'un mouvement de flux et de reflux; mais est-il à la fois locomoteur et respirateur dans les Astéries et les Oursins? Il est très-probable que ces deux systèmes communiquent l'un avec l'autre.

Dans les *Intestinaux cavitaires*, il n'y a plus que des rudiments de réservoirs vasculaires, tels sont les deux canaux des *ascarides*. Mais dans les *Parenchymateux*, le système vasculaire intestinal ou respirateur, quand il existe, se confond avec le sac alimentaire, et divise ses rameaux vers la surface du corps, pour être en même temps dépurateur et respirateur. Quelquefois il y a un système vasculaire périphérique dans ce but (les

Planaires). Mais il n'existe pour la nutrition que des cellules ou des lacunes.

Les *Acalephes* n'ont que des canaux dont les parois sont la substance même qui constitue leur organisme. Ces canaux sont réparateurs et respirateurs; ils reçoivent immédiatement le fluide nourricier non élaboré, lorsqu'il y a un sac ou un canal alimentaire, des parois de cet organe, et le portent à la surface du corps pour la respiration.

Ainsi, les premiers réservoirs vasculaires du fluide nourricier qui apparaissent dans l'organisme, ont pour usage de le recevoir de l'organe qui le forme, et de le soumettre à l'élément ambiant.

ARTICLE III.

MOUVEMENT DU FLUIDE NOURRICIER.

Le mouvement du fluide nourricier, dans ses réservoirs, est une des conditions de la vie générale et de sa vie propre. Ce mouvement sert à maintenir dans l'état normal la composition organique de ce fluide; il produit le mélange des nouvelles portions qui sont versées dans ses réservoirs, à mesure que la chylification les a *extraites* des substances alimentaires. Il est nécessaire à l'élaboration, c'est-à-dire à l'organisation du fluide nourricier, dont les parties consommées par la nutrition ou pour les sécrétions, sont ainsi remplacées par l'alimentation; dont les pertes, en un mot, sont ainsi réparées. Il est indispensable, dans la plupart des cas, pour échanger, par l'acte de la respiration, les principes qui altèrent sa composition contre ceux du fluide ambiant respirable, qui doivent donner au fluide nourricier la propriété de vivifier tout l'organisme. Ce fluide se meut, se répand dans toutes les parties de cet organisme, pour produire, avec l'influence nerveuse, toute espèce d'activité vitale, de sensation, de mouvement, de sécrétion ou d'excrétion, de nutrition et de génération.

Les différentes directions qu'il suit dans son mouvement, ont conséquemment pour double but général, l'excitation vitale de tout l'organisme, et la nutrition ; et pour but subordonné, de recueillir le chyle à mesure qu'il se forme, de le mélanger au fluide nourricier élaboré, et de le soumettre à l'action dépurative du fluide respirable.

Les arrangements de ses réservoirs, lorsqu'ils sont circonscrits, sont surtout le plus généralement en rapport avec le canal alimentaire, quand il existe, pour en recevoir le chyle; et avec l'organe de respiration lorsqu'il est localisé et qu'il n'est pas universel, comme dans les *insectes*, pour l'oxygénation du sang. Mais la nécessité de la dépuration du fluide nourricier, par la respiration, a bien des degrés, suivant les organismes, et suivant l'activité vitale qu'ils doivent fournir. Cette condition générale de la vie est loin d'avoir toujours la même importance. Dans les organismes supérieurs les plus actifs, la vie cesse dès que la respiration est arrêtée pendant un temps très-court. Dans les organismes moins élevés et moins actifs, la continuité de la respiration peut devenir moins essentielle. Il en résulte que la disposition des réservoirs du fluide nourricier, à l'égard de cette fonction dépurative, doit varier beaucoup d'après ces différentes nécessités, et servir à démontrer la liaison de la durée de l'existence, non-seulement avec la quantité, mais encore avec la continuité de la respiration. Ces données sont des plus importantes de celles que fournit l'anatomie comparée à la physiologie, et même à l'histoire naturelle sytématique. Il faut d'ailleurs ne pas perdre de vue, dans l'appréciation de ces arrangements, en tant qu'ils sont en rapport avec le fluide ambiant et avec la respiration, que, outre l'organe chargé plus spécialement d'exercer la fonction de la respiration, d'autres organes mis en contact avec le fluide ambiant peuvent suppléer à cette fonction. La peau qui limite le corps dans l'espace, est l'organe de respiration le plus naturel ; ce peut être le seul ou le plus essentiel, ou seulement un moyen supplémentaire de cette fonction. Il est donc nécessaire d'étudier comment les réservoirs du fluide nourricier sont arrangés pour y diriger le chyle, ou le sang renouvelé par celui-ci. De même, le canal alimentaire qui forme le chyle est, sous un autre point de vue, l'organe de respiration le plus immédiat, comme premier réservoir du chyle ; mais, dans ce cas, il faut que le fluide ambiant pénètre dans la cavité viscérale qui renferme l'organe chylifique.

Nous montrerons en détail tous ces arrangements, supplémentaires ou essentiels, entre les réservoirs du fluide nourricier et la respiration, dans le volume suivant, où nous traiterons de cette fonction.

Dans ces quelques pages de résumé, *sur le mouvement du fluide nourricier*, nous cherchons à rappeler seulement les dispositions organiques qui indiquent les buts fonctionnels de ce mouvement, leurs degrés d'influence, et les causes qui le provoquent et qui le déterminent, dans un sens plutôt que dans un autre.

Les agents qui produisent et dirigent le mouvement du fluide nourricier dans ses différents réservoirs, tiennent au mécanisme de ceux-ci et à leurs propriétés physiques et vitales. Ils dépendent encore de causes étrangères à ces réservoirs, et qui agissent sur eux mécaniquement; telle est, entre autres, la compression des veines des membres par l'action musculaire, si puissante dans les animaux vertébrés, pour accélérer le retour du sang vers le cœur.

Dans un ouvrage d'anatomie, nous n'avions pas à nous occuper de tous les phénomènes de cette fonction prédominante de la vie, que les physiologistes désignent sous le nom de circulation, et à chercher à les expliquer. Notre tâche était d'en faire connaître le mécanisme dans tous ses détails, autant qu'il peut être démontré par la science de l'organisation.

Ce mécanisme varie beaucoup suivant les types, et même suivant les classes, ainsi qu'on a pu en juger par les descriptions circonstanciées que nous en avons faites dans les quatre leçons précédentes, et par le résumé que nous venons d'écrire sur les réservoirs du fluide nourricier. Nous aurons peu de chose à ajouter à ce que nous avons dit, dans la troisième section de ces mêmes leçons, sur le mouvement de ce fluide et les agents qui le produisent.

A. *Dans les Vertébrés.*

Le chyle et la lymphe, ainsi que nous l'avons vu, ont leurs réservoirs particuliers, dans lesquels ces fluides ont un mouvement de translation et, sans doute, d'élaboration, depuis les réseaux d'origine de ces réservoirs, jusqu'à leur terminaison dans l'arbre à sang noir. Les arbres lymphatiques ou chylifères, au nombre de deux principaux, sont incomplets ; ils n'ont ni tronc ni branches pour un mouvement centrifuge, et ne se composent que de la partie centripète d'un arbre vasculaire. Ils sont annexés dans les animaux *vertébrés*, les seuls qui en soient pourvus, à la souche ou aux principales racines de leur arbre dépurateur, et cette disposition importante met le mouvement de la lymphe et du chyle dans la dépendance de celui du sang. Nous avons vu combien la disposition générale du système lymphatique était propre à recueillir la lymphe dans toutes les parties du corps, ou le chyle dans le canal alimentaire.

Ce phénomène d'absorption est sans doute, en partie, l'effet de la porosité organique des parois vasculaires, qui permet l'imbibition ; mais la composition si constante du chyle et de la lymphe, qui sont formés, dans les circonstances normales, des mêmes éléments chimiques ou organiques, dans des proportions déterminées, oblige d'avoir recours encore, sinon pour expliquer, du moins pour indiquer la cause première du phénomène d'absorption, à des circonstances qui ne sont pour nous, jusqu'à présent, ni de l'anatomie démontrée, ni de la physique, ni de la chimie expliquées. Il y a là, dans les différentes origines des lymphatiques ou chylifères, des arrangements organiques ou des propriétés vitales que nous ne pouvons apprécier que par leurs effets, en ce qu'elles permettent l'absorption de certains éléments et arrêtent celle d'autres éléments, dans les circonstances physiologiques ; de même que nous voyons, dans les ruminants, le bol alimentaire être arrêté dans la panse et le bonnet, jusqu'à ce que la rumination l'ait assez élaboré pour lui permettre d'entrer dans le couloir qui doit le conduire dans le troisième estomac. La capillarité paraît être la première cause, la force d'impulsion *à tergo*, qui provoque le premier mouvement du chyle ou de la lymphe dans les ramuscules d'origine. Les vides qui se produisent dans le système sanguin par la consommation du sang, et qui se font sentir rapidement de proche en proche dans le système lymphatique, et provoquent le passage de la lymphe dans les veines, déterminent d'autre part son mouvement centripète dans tout le système, par une sorte d'attraction ou de succion (1).

Ce mouvement est d'ailleurs dirigé dans ce sens par l'existence des valvules. Mais il est loin d'être direct et de se faire par le chemin le plus court. Tantôt c'est un mouvement de dispersion et de séparation dans des plexus, qui ne sont que des ganglions déployés, ou dans des ganglions, qui sont des plexus pelotonnés. Tantôt c'est un mouvement de concentration et de combinaison dans les rameaux et dans les branches du système. L'un et l'autre alternent plus ou moins jusques aux souches principales, et contribuent singulièrement au mélange et à l'élaboration de la lymphe et du chyle.

On pourrait donc en conclure que cette élaboration est plus avancée, quand le chyle ou la lymphe rencon-

---

(1) Cet effet était indiqué par la diminution de la proportion des globules, que produisent les pertes de sang naturelles ou artificielles, qui appauvrissent le sang, pour me servir d'une expression vulgaire. Mais son action rapide a été démontrée dans les expériences de MM. *Prevost* et *Dumas*, déjà citées, p. 492. Elles leur ont appris que des saignées, faites à quelques minutes d'intervalles, donnent un sang de moins en moins riche en globules, par l'absorption rapide de la lymphe. (*Examen du sang*, etc. *Bibl. universelle de Genève*, 8me série, t. XVII et XVIII, 1821.)

trent beaucoup de plexus ou de ganglions dans leur marche, depuis les radicules qui en ont absorbé les molécules, jusqu'à leur souche. L'imperfection apparente que montrerait, à cet égard, le système lymphatique des oiseaux, qui manque à peu près de ganglions et qui ne me paraît pas avoir assez de plexus, en compensation, est suppléée peut-être par une respiration plus complète, laquelle produit aussi une élaboration du fluide nourricier.

C'est sans doute pour faciliter cette élaboration plus parfaite, que le trajet des lymphatiques est plus long, qu'ils ne vont pas s'ouvrir généralement dans les veines les plus prochaines, et qu'ils se dirigent, par un détour plus ou moins grand, vers les veines jugulaires ou axillaires.

Pour les chylifères, nous avons cru en trouver encore la raison dans la nécessité d'éviter la veine porte, dont le sang est déjà surchargé d'éléments qui ont besoin de l'élaboration du foie (voyez ce que nous en avons dit, p. 67 de ce volume). Les nombreuses divisions, les communications fréquentes entre les vaisseaux chylifères ou lymphatiques, servent encore à multiplier les voies par lesquelles le chyle ou la lymphe peuvent se diriger vers leur souche terminale, et à suppléer à celle qui serait fermée, par celles qui restent ouvertes.

Il est bien remarquable que, dans les trois derniers ordres de la classe des reptiles seulement, il existe des cœurs lymphatiques, pelviens et même scapulaires (voyez la page 85 de ce volume) ; ce sont, à la vérité, des cœurs incomplets, sans péricarde, et n'ayant qu'une cavité, qu'il faut considérer comme la dilatation contractile des petites souches lymphatiques qui s'y terminent; ces poches répondent à l'oreillette ou à la poche veineuse des cœurs du système sanguin. Elles détournent une partie de la lymphe des extrémités postérieures et du bassin (les cœurs pelviens), pour la verser activement dans les veines crurales, qui font partie du système veineux affluent du rein. Mais comment se fait-il que ce sang veineux, surchargé de lymphe et qui doit se diviser dans les reins, comme celui de la veine porte dans le foie, serve, du moins dans les *Sauriens* et les *Ophidiens*, à la sécrétion d'une urine solide, à peu près dépourvue de parties aqueuses, et composée presque exclusivement d'acide urique?

Dans les *Mammifères*, les *Oiseaux* et les *Poissons*, le sang noir et le sang rouge se trouvent bien séparés dans l'*arbre dépurateur*, composé des veines du corps qui en forment la souche et de l'artère pulmonaire, et dans l'*arbre nutritif*, formé par les veines pulmonaires et par l'aorte. Dans chacun de ces arbres le mouvement du sang est un mouvement de concentration, et jusqu'à un certain point de mélange, des racines jusqu'à la souche; puis un mouvement de dispersion, ou de diffluence, du tronc jusqu'aux rameaux.

Les derniers ramuscules de l'arbre dépurateur forment dans les poumons un réseau très-fin, duquel naissent les premières radicules de l'arbre nutritif.

De même, les derniers ramuscules de celui-ci aboutissent dans le réseau des capillaires de toutes les parties du corps, d'où naissent les premières radicules de l'arbre dépurateur. On conçoit que ce système des capillaires du corps peut avoir quelques-unes de ses mailles composées de vaisseaux tellement ténus, que leur canal ne peut être traversé par les globules sanguins, mais seulement par la partie plastique du sang. On comprend, en même temps, que c'est dans ce système capillaire qu'a lieu le changement du sang rouge en sang noir, et le retour de celui-ci vers le cœur; les ramuscules de ses mailles principales doivent donc conserver, comme ceux des poumons, un diamètre assez grand pour rester perméables aux globules sanguins. C'est par l'intermédiaire de ce double système capillaire, dans lequel les artères et les veines se confondent, que s'opère le retour du sang de l'arbre dépurateur dans l'arbre nutritif, ou celui de l'arbre nutritif dans l'arbre dépurateur. C'est par son intermédiaire que ces deux arbres se continuent, et complètent un seul cercle, et non deux cercles, ainsi qu'on a l'habitude de le dire, en décrivant, chez l'homme, la circulation du sang.

Les *Vertébrés* se distinguent des autres types, par le développement plus général, plus complet de ces systèmes capillaires intermédiaires, et par l'existence du système lymphatique, qui limitent davantage la quantité de fluide nourricier, épanchée chez les autres types moins parfaits dans des canaux ou dans des réservoirs sans parois propres.

Les deux arbres sanguins, nutritif et dépurateur, des *Vertébrés*, les deux systèmes capillaires intermédiaires qui les réunissent, et le système des vaisseaux lymphatique et chylifères, forment donc un ensemble très-compliqué de réservoirs vasculaires, un système de vaisseaux clos, plus développé et plus complet que dans aucun autre embranchement, renfermant tout le fluide nourricier et ne le répandant au dehors que par sécrétion. Il en résulte que le mouvement de ce fluide, dans toutes les parties de ses réservoirs compliqués, influe plus ou moins sur l'ensemble, et que toutes les causes qui agissent directement sur l'un ou l'autre de ces réservoirs, ont une action indirecte, prochaine ou éloignée, sur tous les autres. Nous en avons déjà cité un exemple remarquable, en montrant qu'un vide produit dans le système sanguin veineux par une saignée, détermine presque immédiatement un afflux de la lymphe dans les veines sanguines, et par suite un mouvement centripète accéléré dans tout le système lymphatique. Il nous reste à analyser rapidement ces différentes causes. Nous avons même déjà indiqué, dans la première partie de ce paragraphe, celles qui produisent le mouvement de la lymphe.

Dans les animaux *Vertébrés*, l'agent principal du mouvement du sang est sans doute le cœur, ce muscle creux, placé dans chacun des arbres sanguins, dépurateur et nutritif, entre la souche et le tronc; ou qui n'existe que dans le premier de ces arbres.

Cette position en fait un organe admirable d'impulsion, pour le sang que le cœur verse dans le tronc de l'arbre, et d'attraction dans ses cavités, pour le sang contenu dans la souche de ce même arbre. Sa structure en détermine toujours la direction dans ce sens, et lorsqu'elle comprend des ouvertures qui permettent aux deux arbres de communiquer, le cœur devient encore, comme dans les *reptiles*, un organe de mixtion du sang noir et du sang rouge.

Un cœur complet est essentiellement composé de deux poches, dont les parois ont une épaisseur proportionnée à l'énergie de contraction qu'elles doivent avoir; l'une est une dilatation terminale ou l'aboutissant de la souche veineuse, l'autre est l'origine du tronc artériel.

Mais ces deux poches n'existent pas toujours ; nous avons vu la poche artérielle manquer dans les cœurs lymphatiques. Nous verrons des cœurs accessoires ou des organes d'impulsion du sang, plus actifs que les vaisseaux, tenir lieu de l'une ou de l'autre de ces poches, dans la classe des poissons. Je ne parle pas, en ce moment, des autres types, où je ferai remarquer, plus loin, des différences très-grandes à cet égard.

Dans les *vertébrés à sang chaud*, le cœur nutritif est le principal ; sa structure, que nous avons exposée en détail, le montre clairement, et semble prouver que le cœur dépurateur n'en est qu'un annexe. Ces deux cœurs ne sont qu'engeancés superficiellement l'un dans l'autre, de manière à mettre de l'ensemble, de la simultanéité dans l'action de leurs cavités correspondantes. Mais les deux poches d'un même cœur restent bien séparées de celles de l'autre, et le sang noir, ou le sang rouge dont elles déterminent le mouvement, ne peuvent se mêler dans cette partie centrale des deux arbres sanguins.

Chaque poche, en se contractant avec une énergie proportionnée à la quantité de fibres musculaires qui entrent dans la composition de ses parois, donne au sang qu'elle renferme une impulsion qui le fait avancer dans la partie centrifuge de l'arbre sanguin, et en se relâchant, produit un vide qui attire dans la même direction le sang de la partie centripète du même arbre.

Ces deux actions impulsive et attractive, paraissent agir dans toute l'étendue des deux arbres, et combinent leurs forces dans le système capillaire intermédiaire.

Dans les *poissons*, le cœur unique est composé d'une poche veineuse et d'une poche artérielle, placées à la suite l'une de l'autre ; ce cœur est situé entre la souche et le tronc de l'arbre dépurateur ; l'arbre nutritif en manque. Il en résulte que son action, qui dirige le sang immédiatement dans les branchies, se prolonge, à travers leur système capillaire, dans toute l'étendue de l'arbre nutritif, jusque dans le système capillaire du corps ; ici l'action attractive de la poche veineuse doit encore seconder l'action impulsive des deux poches artérielles qui se suivent. Ce cœur unique est donc essentiellement branchial, et par sa position, et par son action première ; mais il est encore, et secondairement, nutritif ou aortique. Ce double emploi explique son organisation particulière, et l'existence du bulbe, cette seconde poche artérielle, placée au devant du ventricule proprement dit, et formant l'origine de l'artère pulmonaire.

Dans les *mammifères*, les *oiseaux* et les *poissons*, le cœur est un organe de mouvement et de direction du fluide nourricier.

Dans les *reptiles*, cet organe a de plus pour effet, de mélanger le sang de l'arbre nutritif avec celui de l'arbre dépurateur, ou réciproquement.

Ce mélange a lieu, non pas dans les poches veineuses, dont les deux cavités restent toujours séparées, mais dans les poches artérielles, qui n'ont que des cloisons incomplètes, ou qui ne montrent qu'une seule cavité.

Les deux oreillettes ou les deux poches veineuses conservent, dans cette classe, leur action attractive sur le sang contenu dans les souches des arbres respirateur et nutritif, et communiquent leur force impulsive au sang contenu dans l'unique poche artérielle. Celle-ci peut être une fusion complète des deux poches artérielles des vertébrés à sang chaud en une seule ; c'est ce qui a lieu dans les Batraciens.

Leur cœur chasse le sang dans un tronc artériel unique, qui est lui-même une fusion du tronc dépurateur et du tronc nutritif ; on y remarque un renflement musculo-tendineux, reste de la circulation branchiale de ces animaux dans leur premier état. La poche artérielle du cœur des Batraciens est donc l'agent commun et principal d'impulsion de tout mouvement centrifuge du sang dans ces animaux.

Dans les *Chéloniens*, l'organisation du cœur est plus compliquée, d'abord par les trois artères qui y prennent leur embouchure, et qui sont l'aorte droite, l'aorte gauche ou le canal artériel, et l'artère pulmonaire; ensuite, parce que cette dernière artère a son embouchure dans un sinus assez distinct ; enfin, parce que les parois du cœur sont par leur structure celluleuse, arrangées évidemment pour la mixtion des deux sangs.

Cependant, relativement à son action, les effets produits par la structure du cœur doivent être semblables. Les deux oreillettes ont de même un mouvement d'attraction sur le sang de leurs souches correspondantes, et un mouvement d'impulsion sur celui de la poche artérielle. Celle-ci a une action sur tout le sang contenu dans les deux arbres nutritif et dépurateur, et sur le canal artériel ou l'aorte gauche, qui n'est au fond qu'une anastomose entre ces deux arbres, par l'intermédiaire du cœur.

Dans les *Sauriens* et les *Ophidiens*, le cœur est de même arrangé pour être à la fois un organe d'impulsion et d'attraction, de direction et de mélange. Seu-

4

lement il a conservé, plus que dans les Batraciens et les Chéloniens, des traces de l'organisation des deux cœurs des vertébrés à sang chaud.

Le canal artériel y prend toujours une partie du sang et le détourne des poumons. Des cloisons incomplètes montrent que les poches artérielles ont été réunies et fondues, en partie, l'une dans l'autre. Leur action impulsive agit à la fois sur l'aorte, le canal artériel et l'artère pulmonaire, et leur action attractive sur les deux poches veineuses. Celles-ci ont de même une action commune impulsive sur tout le sang de la poche artérielle, en y versant simultanément, dans l'instant de leur contraction, celui qu'elles renferment. Mais leur action attractive se propage séparément sur chaque souche veineuse, jusqu'aux deux systèmes capillaires intermédiaires du corps et des poumons.

Les *Crocodiliens* nous ont offert dans la structure de leur cœur, dont la forme large et arrondie, ou ovale et pointue, distingue d'ailleurs les genres de cette famille, un caractère d'organisation exceptionnelle que nous avons fait connaître les premiers dans l'édition précédente de cet ouvrage. C'est une loge gauche séparée de la droite par une cloison complète, et dans laquelle l'aorte vient puiser tout le sang qu'y verse l'oreillette du même côté. Ici l'arbre nutritif et l'arbre dépurateur seraient de nouveau séparés, s'il n'y avait pas un canal artériel, qui détourne vers les viscères de la digestion et l'aorte abdominale, une partie du sang qui n'a pas respiré, en le prenant dans la loge droite du cœur. Mais le sang qui va au cou, à la tête et aux extrémités antérieures, est du sang rouge sans mélange, sauf par une communication percée à la naissance des deux aortes, que je crois, à la vérité, temporaire et devoir se fermer avec l'âge, comme un trou de Botal tardif.

Les trois classes supérieures des vertébrés n'ont pas d'autre agent principal d'impulsion et de direction que leurs cœurs nutritif et dépurateur, placés entre la souche et le tronc de chacun des deux arbres vasculaires, que nous distinguons par ces mêmes dénominations.

Mais dans la classe des *poissons* nous avons fait connaître plusieurs autres agents secondaires, analogues, pour leur structure musculaire et leur effet, au cœur principal.

Ce sont les deux bulbes symétriques que nous avons découverts dans la *chimère arctique*, et qui entourent comme deux anneaux les artères innominées de ce poisson (1).

Ils renforcent le mouvement du sang dans cette partie de l'arbre nutritif qui porte le fluide nourricier à la tête et aux nageoires pectorales; tandis que le bulbe branchial manque dans ces mêmes poissons.

L'*anguille* a un autre agent d'impulsion et d'attraction dans la partie périphérique des deux arbres dépurateur et respirateur, à l'extrémité de la queue. On en doit la connaissance à M. *Maschal-Hall.*

J'ai déjà parlé d'un autre agent d'impulsion, devant tenir lieu de cœur accessoire, qui se voit dans le système de la veine porte de plusieurs *sélaciens* (2); c'est un tronc mésentérique intérieur, dont les parois sont très-épaisses

---

(1) *Sur deux bulbes artériels faisant les fonctions de cœurs accessoires*, etc. *Note lue à l'Académie des Sciences*, le 21 septembre 1837. *Annales des Sciences Naturelles*, 2me série, t. VIII, pl. 3, f. 1-2.

(2) Page 270 et 512 de ce volume et *Annales des Sciences naturelles*, 2me série, t. III, pl. 10 et 11, A.

et très-musculeuses, et qui se continue dans le tronc de la veine porte.

L'étude de la circulation du sang dans les poissons avait appris depuis long-temps que l'action du cœur, sur le mouvement du sang, peut se propager au-delà du système capillaire des branchies, dans tout le système artériel du corps ; puisqu'il n'y a pas ici de cœur aortique, et que l'aorte peut avoir ses parois soudées, en totalité ou en partie, aux parois d'un canal ou d'un demi-canal osseux creusé sous la colonne vertébrale (p. 354 et 358 de ce vol.).

Cette observation montre évidemment que la force impulsive et attractive du cœur est la cause principale de la circulation du sang, et qu'elle peut suppléer la plupart des autres.

M. *Poiseuille* l'a démontré par des expériences ingénieuses dans lesquelles il est parvenu, jusqu'à un certain point, à mesurer la force du cœur par le degré de pression que le sang, mis en mouvement par cet organe, exerce contre les parois artérielles (1).

Après l'action du cœur, la cause principale du mouvement du sang, non-seulement dans les artères, mais dans le réseau des capillaires et dans les veines, est sans doute l'élasticité des artères.

Les parois artérielles contre lesquelles le sang, poussé par la contraction du cœur, a produit une pression plus ou moins forte qui les a dilatées, tendent, par l'effet de leur élasticité, à revenir sur elles-mêmes, aussitôt que cette pression diminue par le relâchement du ventricule. Cette force des artères, alternant avec celle du

---

(1) *Recherches sur la force du cœur*. Paris, 1828, Baillière.

cœur, imprime au sang un mouvement continu, mais saccadé dans toutes les parties du système artériel, où l'impulsion du cœur sur le sang se conserve assez forte (1).

Cependant, nous ne pensons pas que l'élasticité de parois artérielles soit la seule cause de leur réaction sur l'onde sanguine qui les a dilatées ; elles sont aussi irritables, et la quantité de nerfs qu'elles reçoivent indiquerait assez, au besoin, qu'elles doivent encore se contracter par suite de cette propriété vitale.

L'élasticité paraît prédominer dans les gros troncs ; l'irritabilité dans les petites artères.

Cependant d'habiles expérimentateurs ne voient encore ici, et dans tout le système capillaire, qu'une force morte ; ils pensent que le mouvement du sang se continue dans les systèmes capillaires intermédiaires, uniquement par suite de leur élasticité (2).

Ainsi que l'observe M. Cuvier (p. 355 de ce vol.), l'irritabilité artérielle est le premier agent de la circulation dans les *sangsues*, les *néréides*, etc. Il me semble que l'on peut très-bien en conclure, que cette propriété vitale n'est pas étrangère au mouvement du sang, dans les petites artères des animaux vertébrés.

Le mouvement du sang dans les veines a pour cause principale l'action du cœur, qui est à la fois impulsive par la contraction des ventricules, et attractive par la dilatation et le vide qui se fait dans les oreillettes, et réciproquement.

---

(1) Voir à ce sujet les leçons de M. *Magendie*, faites au collége de France, *Sur les phénomènes de la vie*, t. I-IV.

(2) M. Magendie, ouv. cité ; et *Recherches sur les causes du mouvement du sang dans les vaisseaux capillaires* ; par M. le docteur Poiseuille. *Annales des Sciences nat.*, 2me série, t. v, *Zoologie*, p. 111. Paris, 1836.

Les contractions actives et passives des artères correspondantes, et des capillaires intermédiaires, doivent contribuer à ce mouvement. Il est encore déterminé puissamment par les compressions qu'exercent sur les veines les téguments, les aponévroses, et surtout les muscles.

Enfin nous devons citer, comme cause accessoire de ce mouvement, la pression atmosphérique, et surtout le vide qui se fait dans la poitrine pendant l'inspiration, et qui provoque le retour du sang dans les grosses veines, en déterminant leur dilatation sous une moindre pression (1).

Quant à la direction centripète, elle est déterminée par la structure des veines qui comprend des valvules ou des soupapes, dont la disposition arrête le reflux du sang vers l'origine de ces vaisseaux, et permet sa marche progressive vers la souche.

B. *Dans les Mollusques.*

Nous avons suffisamment indiqué, dans l'article II de ce résumé, et M. Cuvier, pag. 386 de ce volume, le mécanisme de la circulation du sang dans les *Mollusques*. Il nous resterait à nous prononcer sur le système aquifère que *Poli* et M. *Delle-Chiaje* (2) leur attribuent, si nous ne trouvions plus à propos d'en parler au sujet des organes de la respiration.

---

(1) *Recherches sur les causes du mouvement du sang dans les veines*, par M. D. Barry. Paris, 1826. Celles de M. le docteur *Poisenille*, Mémoire lu à l'Institut le 27 septembre 1830. Et la Thèse ayant pour titre : *Des Lois du mouvement des liquides dans les canaux*, etc., par M. Maissiat D. M. P. agrégé à la Faculté de Médecine de Paris, p. 41-52. Paris, 1839. Je cite ce dernier travail pour les observations critiques qu'il renferme.

(2) *Descrizione di un nuovo apparato di canali aquosi scoperto negli animali invertebrati marini delle due Sicilie.* Napoli, 1825.

Nous rappellerons encore ici ces parties centrales de l'arbre dépurateur qui, dans les *aplysies*, sont percées d'ouvertures très-sensibles dans la portion qui traverse la cavité viscérale, ouvertures qui permettent l'absorption par le tronc ou la souche de l'arbre nutritif.

Cependant, on peut dire que, dans ce type, le système vasculaire sanguin est complet ; que les deux arbres nutritif et dépurateur sont liés par un réseau capillaire, et que le fluide nourricier ne s'épanche point dans des lacunes ; il reste enfermé et circule dans l'ensemble de ses réservoirs, qui forment encore ici un système de vaisseaux clos.

L'agent principal de ce mouvement est sans doute le cœur nutritif.

Il est remarquable de le voir se partager, dans les *Céphalopodes à deux branchies*, en un cœur nutritif et en deux cœurs dépurateurs ; de telle sorte que le premier ne consiste que dans la poche artérielle (le ventricule), et que les derniers ne répondent qu'à la poche veineuse (l'oreillette). Nous avons même vu ces poches veineuses branchiales disparaître dans les *Céphalopodes à quatre branchies*. Cette analyse et cette détermination des cœurs incomplets des *Céphalopodes*, rendent, il nous le semble du moins, les différences que nous venons d'indiquer moins importantes.

Dans les *Ptéropodes*, les *Gastéropodes*, les *Bivalves*, les *Brachiopodes*, le cœur est toujours complet, et lorsqu'il y a deux oreillettes pour un seul ventricule, ou même deux cœurs complets, comme dans les *arches*, etc., cela tient à la disposition des branchies, qui sont symétriques, et à d'autres circonstances de forme ; mais le résultat physiologique n'est pas changé, les poches artérielles répondent à une aorte de chaque côté, bifurquée à son origine, et dont les branches correspondantes se réunissent pour former une aorte antérieure et une aorte postérieure. Cette bifurcation des aortes rappelle celle de l'aorte unique, dans les premiers jours de l'incubation du poulet (1).

Ce que nous avons dit du cœur des *Salpa* qui chasse alternativement le sang dans deux vaisseaux opposés, faisant successivement les fonctions d'artère et de veine, fera sentir combien ces singuliers animaux ont besoin d'être encore étudiés sous ce rapport. Nous verrons que leur mode de génération n'est pas moins extraordinaire.

Dans les *Ascidies*, il semblerait que l'organe central d'impulsion et de direction, ou le cœur, est remplacé par la contractilité de l'aorte; il est du moins évident qu'il a pris, dans cette famille, une forme vasculaire.

Nous avons vu une fusion analogue dans plusieurs ordres de la classe des crustacés.

C. *Dans les Animaux Articulés.*

Il faut encore séparer, dans nos considérations sur le mouvement du sang et ses agents, comme dans celles de ses réservoirs, les trois classes des *Articulés à pieds articulés*, de la classe des *Annelides*.

Dans les trois premières classes, le système capillaire intermédiaire du corps, celui qui existe entre les ramuscules de l'arbre nutritif et l'origine de l'arbre

---

(1) Mémoire cité de MM. Prevost et Dumas.

respirateur, manque; et cette lacune peut s'étendre successivement à tout l'arbre dépurateur, et à toutes les branches de l'arbre nutritif dont il ne subsiste que la partie centrale. Cependant le fluide nourricier se meut dans ces lacunes en formant des courants qui paraissent avoir une direction constante, et dont la cause impulsive ou attractive tient sans doute : 1° aux parois des grandes lacunes qui les renferment; 2° aux particules de ce fluide qui sortent de sa masse pour la nutrition, ou que l'alimentation y verse; 3° à l'attraction et à l'impulsion du cœur, ou du vaisseau dorsal; 4° à des causes enfin qui dépendent d'agents physiques agissant sur les globules du sang, et dont nous ne pouvons encore déterminer la nature.

Ici le jeu de l'organisme, et la continuation de l'existence, ne paraissent pas liés d'une manière aussi intime avec la proportion et le mouvement du fluide nourricier. Du moins lorsque la dépuration de ce fluide, lorsque son animation, si je puis m'exprimer ainsi, par le fluide ambiant, peut avoir lieu, comme dans les *Insectes*, dans toutes les parties du corps, au moyen des trachées; le mouvement du sang n'est plus nécessaire pour ce but essentiel. Il n'existe que pour le mélange des molécules nouvelles aux molécules anciennes, et pour la nutrition. Aussi ce mouvement est-il assez irrégulier et intermittent. On peut en juger par les pulsations du vaisseau dorsal, qui en est l'agent principal, lesquelles ne sont ni continues, ni régulières (p. 441), à toutes les époques de la vie de l'insecte (1).

---

(1) Cette irrégularité avait été observée par *Malpighi*. M. *Hérold* (*Recherches physiologiques sur le vaisseau dorsal des Insectes*. Marburg, 1823) a compté

Cette circulation du fluide nourricier, constatée dans un assez grand nombre d'insectes, se compose, en grande partie, de courants qui se manifestent dans la grande cavité viscérale des larves, ou dans l'abdomen des insectes parfaits.

Ainsi que nous l'avons dit (p. 446), le sang versé dans la tête par l'extrémité de l'aorte, continuation du vaisseau dorsal, en revient de chaque côté, en formant deux courants réguliers d'avant en arrière ; il se répand dans les canaux que renferment les nervures des ailes, et reprend ensuite son chemin d'arrière en avant dans les deux courants latéraux du thorax et de l'abdomen. Il en est de même de celui qui pénètre dans les pattes et qui en revient; on voit encore confluer dans ces mêmes courants abdominaux, le sang qui a parcouru les filets qui terminent dans quelques cas les derniers anneaux du ventre. Ces deux courants finissent par aboutir à l'extrémité postérieure du vaisseau dorsal, et s'introduisent par les ouvertures latérales qui y sont percées. Les contractions de ce vaisseau et ses valvules le font avancer de nouveau de l'extrémité postérieure du corps jusque dans la tête.

Ces contractions (1) ont lieu successivement dans chaque chambre du vaisseau dorsal, qui verse dans la

---

30-40 pulsations par minute, sous l'influence d'une température de 16-20° R. Dans le *ver à soie*, il n'y en avait plus que de 6-8, sous une température de 10°-12°.

(1) Elles sont tellement fortes dans la larve de *corethra plumicornis*, que les parois internes du vaisseau dorsal doivent se toucher. Il y a huit chambres dans ce vaisseau. La dernière semble avoir son ouverture en arrière, à l'extrémité du cœur; les autres sur les côtés, près de la jonction des chambres. (M. R. *Wagner*, *Mémoire sur les globules du sang*, etc. Archives de J. Müller pour 1835, p. 312, et pl. v, f. 14 et 15.)

suivante le fluide qu'elle contenait ; elles se succèdent régulièrement et avec rapidité d'arrière en avant, de manière à donner à tout le vaisseau l'apparence d'un mouvement ondulatoire. Les valvules qui sont à l'entrée de leurs ouvertures latérales, empêchent le sang qui a pénétré dans chaque chambre de refluer dans l'abdomen. Celles qui séparent la chambre précédente de la suivante arrêtent le mouvement du sang en arrière ; ce fluide est ainsi forcé de se diriger en avant (1).

Le mouvement du fluide nourricier des *Insectes*, dans des courants réguliers, qui ne sont nullement circonscrits par des parois vasculaires, est donc un fait bien constaté. Sans doute ce mouvement, ce transport du sang d'une partie de l'organisme dans l'autre, n'était pas nécessaire pour son oxigénation, ainsi que l'avait pensé M. Cuvier; l'air atmosphérique pénétrant par tout le corps au moyen des trachées.

Aussi ne paraît-il ni aussi constant, ni aussi général que s'il avait eu pour cause cette première nécessité de l'excitation vitale.

Mais il devait servir à opérer un mélange plus complet des molécules nouvelles avec les molécules anciennes et à leur élaboration; il était encore nécessaire pour faire rentrer dans la circulation ou dans la masse du fluide nourricier en usage, et pour élaborer les molécules du corps graisseux, ou du fluide nourricier en réserve.

---

(1) L'existence de ces valvules et l'observation des contractions successives des chambres du vaisseau dorsal, jointe à celle des courants du fluide nourricier, démontrent indubitablement que ce vaisseau a l'emploi d'un cœur, et lève les difficultés que M. Marcel de Serres trouvait à lui attribuer cet usage (*Sur les usages du vaisseau dorsal*, *Mém. du Muséum*, t. IV, p. 183).

De même que dans les plantes, la sève ascendante se charge de la fécule qu'elle rencontre dans son mouvement d'ascension.

Les *Annelides*, ainsi que nous l'avons dit, ont un système vasculaire complet, dans lequel le mouvement particulier du fluide nourricier, pour sa dépuration par la respiration, est plus ou moins subordonné à son mouvement général pour la nutrition.

La plupart des animaux de cette classe nous offrent d'ailleurs la preuve, ainsi que l'a remarqué depuis longtemps M. Cuvier, que le mouvement circulatoire du sang est possible uniquement par la contractilité des vaisseaux, et sans le secours d'un cœur ou d'un agent particulier de ce mouvement, bien distinct par sa structure et par sa forme, des principaux troncs vasculaires.

Nous avons vu dans les classes des articulés, à pieds articulés, que les *squilles*, les *limules*, etc., parmi les crustacés, les *Arachnides* et les *Insectes*, ont un cœur plus ou moins allongé et même en forme de tube ou de vaisseau. Cette organisation montre qu'une forme ramassée n'est pas nécessaire pour caractériser un cœur, et que la partie essentielle de la structure de cet agent d'impulsion du fluide nourricier, est celle qui donne à ses parois la faculté contractile.

Cette faculté a été observée dans des parties très-différentes du système vasculaire des *Annelides*, suivant les ordres, les familles, ou même les genres.

Dans les *térébelles*, parmi les *Tubicoles*, c'est un gros tronc médian-dorsal qui règne le long du pharynx, et qui montre des contractions irrégulières; elles ont pour effet de chasser le sang dans les branchies par les principales branches latérales de ce vaisseau, et dans une branche médiane qui se divise dans les lèvres (1).

Les *branchies*, par leurs contractions et leurs dilatations alternatives, comme la cavité thoracique dans les animaux supérieurs, mais plus directement, deviennent aussi des organes d'impulsion du sang, en le chassant de leurs vaisseaux efférents dans leur tronc abdominal; mais aussi en le refoulant dans leurs vaisseaux afférents et leur tronc dorsal.

Dans les *Hermelles*, ce dernier moyen d'impulsion et de mélange du sang n'existe pas (2); ce sont uniquement les troncs longitudinaux médians qui, par leurs contractions, produisent la circulation du sang.

Parmi les *Dorsibranches*, M. *Cuvier* avait observé depuis long-temps, dans l'*Arénicole*, une double poche contractile, origine et aboutissant, tout à la fois, des principaux troncs vasculaires.

Il avait de même exprimé que les branchies se resserrent et se déploient alternativement, se colorent par le sang qui s'y rend, et se décolorent dans leur affaissement (leur contraction), lorsque ce sang en est expulsé; ce qui doit produire un flux et reflux dans leurs vaisseaux afférents et efférents.

Dans l'*Eunice sanguine* il y a, comme dans les *Térébelles*, un gros tronc contractile sus-pharyngien; mais l'action impulsive du sang vient encore des branches latérales qui se détachent successivement du tronc médian-abdominal; et comme un des rameaux de ces branches contractiles appartient aux branchies, on

---

(1) Cuvier, art. *Amphitrite* du *Dict. des Sc. Nat.*, t. 2, p. 81, et *Milne-Edwards*, circulation des Annélides, *Annales des Sc. Nat.*, t. x, p. 200. —(2) Ibid., p. 208.

peut dire qu'elles font, en partie, les fonctions de cœurs pulmonaires. On peut en compter plusieurs centaines (1).

Dans la *Néréide messagère*, les mêmes branches latérales qui proviennent du tronc médian-abdominal, et qui ont de même pour fonctions de distribuer le sang à la peau, aux branchies, aux pieds, etc., ont aussi des pulsations marquées, sans présenter cependant de renflement bulbiforme.

On voit d'ailleurs, à travers des parties transparentes et incolores du corps de cet *Annelide*, le sang d'un rouge vermeil dessiner admirablement les vaisseaux ; leur tronc dorsal médian longitudinal se contracte par ondulations successives et régulières qui dirigent le fluide nourricier d'arrière en avant (2).

C'est généralement la marche observée dans la circulation périphérique du sang des animaux de cette classe. Le principal torrent de ce fluide se meut dans le tronc dorsal d'arrière en avant, et d'avant en arrière dans le tronc abdominal.

Ce courant principal a donc une direction longitudinale ; mais les branches des troncs longitudinaux qui le renferment, s'en détachant à angle droit, dans une direction transversale, le sang y forme un nombre de cercles secondaires, ayant la même direction transversale, qui correspondent aux anneaux du corps.

Nous venons de voir que la première cause de ce

---

(1) Ibid., p. 207. — (2) *Recherches pour servir à la physiologie comparée du sang*, par R. *Wagner*. Léipsig, 1833, p. 53 et suiv. Et M. de Blainville, article *Vers* du *Dict. des Sc. Nat.*, t. LVII, p. 406.

mouvement est la contractilité des principaux troncs, celle des renflements placés dans leur trajet, ou dans leurs branches latérales, et même la contractilité de celles-ci.

La position de ces principaux vaisseaux sous le derme, ou sur le canal alimentaire, fait encore que l'action des muscles sous-cutanés, ou les mouvements du canal alimentaire, doivent beaucoup contribuer, comme cause externe, au mouvement du sang.

D. *Dans les Zoophytes.*

Le mouvement du fluide nourricier, dans ses réservoirs, n'a d'agent particulier, indépendant des contractions de l'animal ou de ses parties, que dans les *Echinodermes*.

Dans les autres classes, ces réservoirs ne sont guères que des lacunes ou des canaux adhérents au parenchyme qui constitue la masse générale. Les vaisseaux, quand ils existent, paraissent adhérer de même à ce parenchyme, et n'ont point d'organe d'impulsion. Il en résulte que les mouvements du fluide nourricier, ainsi que sa direction dans un sens ou dans un autre, dépendent beaucoup des contractions partielles ou générales de tout l'organisme.

Il n'y a plus ici de véritable circulation ; mais plutôt un mouvement de flux et de reflux, qui produit alternativement l'absorbtion et l'exhalation aux deux extrémités de l'arbre vasculaire, lequel est plutôt dépurateur que nutritif. Ses racines commencent dans le sac ou le canal alimentaire, quelquefois aussi dans les nombreuses divisions du pédicule central (les *Rhizos-*

tômes, etc), et ses branches se terminent à la surface du corps ou de l'ombrelle.

Ces exemples semblent prouver que les réservoirs vasculaires du sang ont pour premier usage de le contenir dans certaines limites pour le diriger vers le fluide respirable, et que ce but est la première nécessité de son mouvement.

Après cette dépuration, cette animation essentielle à la vie de tout organisme, le fluide nourricier n'a plus besoin d'être contenu dans des réservoirs circonscrits ; il peut filtrer et se répandre dans les lacunes, les mailles, les cellules de toutes les parties, pour l'excitation normale de leurs fonctions, pour leur nutrition et pour les sécrétions.]

www.ingramcontent.com/pod-product-compliance
Lightning Source LLC
LaVergne TN
LVHW050430160826
845677LV00002BA/637

* 9 7 8 2 3 2 9 6 8 2 3 8 9 *